LIBRO 1:

PLACAS TECTONICAS

DE LA SERIE:

INGENIERÍA SÍSMICA Y ENERGÍA LIBERADA

M.Sc. Marcelo Moncayo Theurer

AGRADECIMIENTOS

A Dios, todos los que fueron luz en el camino.

AUTOR

M.Sc. Marcelo Moncayo Theurer

Premio al Merito

- Reconocimiento del H. Congreso de la Republica del Ecuador, 2001
- Premio Eugenio de Santa Cruz y Espejo, Colegio Nacional de periodistas del Ecuador 2023
- Reconocimiento del M.I. Municipio de la ciudad de Guayaquil, 2023.
- Premio a la excelencia académica por parte de la sociedad Filantrópica del Guayas.

Preparación académica

- Master en ciencias por la universidad Tecnica de Munich en 2004.
- Postgrado en Ingenieria de Terremotos y desastres naturales en el BRI/Universidad de Tokio en Japón
- Estructurista de la Escuela superior Politecnica del Litoral en Ecuador

Educación

- Profesor titular de pregrado la universidad de Guayaquil en las materias de estructuras, Diseño de estructuras de hormigón e ingeniería sísmica
- Profesor de maestría en la universidad de guayaquil en el ámbito de los elementos finitos y dinámica estructural
- Profesor de la Upse
- Profesor de la academia de guerra de la marina nacional
- Profesor de maestría en la universidad Católica Santiago de guayaquil

Obras emblemáticas

- Co-Director del diseño de los Túneles de San Eduardo y el intercambiador de la Av. Carlos Julio Arosemena en el km 4.5 de 3 niveles.
- Diseñador y fiscalizador en la construcción del puente Rafael Mendoza Avilés y Carlos Pérez Perazzo
- Fiscalizador de diversas obras en la ciudad incluyendo hospitales y vías de comunicación.

INTRODUCCION

Este es el primer libro sobre el macro tema ingeniería sísmica o ingeniería de terremotos y energía liberada, este libro tiene el nombre de placas tectónicas.

Cómo introducción al fenómeno sísmico es importante entender de dónde nace el concepto del mecanismo que provoca los sismos para ello este libro es vital e importante para que se entienda cuáles fueron las primeras propuestas en este sentido y lo que se ha venido descubriendo a lo largo de los años.

La relación entre la superficie y el interior del planeta los movimientos que permanentemente tiene nuestro planeta todos se conjugan y como resultado obtenemos los movimientos sísmicos y actividad volcánica en diferentes regiones.

Este es un primer capítulo y si tu intereses aprobar este curso al final del libro tendrás las instrucciones para someterte a un examen y se te pueda enviar el certificado correspondiente.

ENERGÍA SÍSMICA LIBERADA

TABLA DE CONTENIDO

ENERGÍA SÍSMICA LIBERADA 16
1. INGENIERÍA DE TERREMOTOS 20
2. TECTÓNICA DE LAS PLACAS 23
   FIGURA 2. PLACAS TECTONICAS 27
  2.1. ALFRED WEGENER 29
   FIGURA 5. DORSALES OCEÁNICAS 31
  2.2. EL SUPERCOTINENTE PANGEA 33
  2.3. PANTHALASSA 41
  2.4. GODWANA Y LAURASIA 43
  2.5. EL OCEANO TETHYS 45
  2.6. CONTINENTE CIMERIA 47
  2.7. PALEO-TETIS 49
  2.8. PROTO-TETIS 51
  2.9. MICROCONTINENTE DE KAZAKHSTANIA 54
  2.10. SUPERCONTINENTE DE RODINIA 57
  2.11. SUPEROCÉANO MIROVIA 59
  2.12. CONTINENTE PANNOTIA 60
  2.13. OCEANO RHEICO 62
  2.14. TIERRAS HUNICAS 64
  2.15. TIEMPO GEOLOGICO 65
3. INTERACCION DE LAS PLACAS TECTONICAS 69
  3.1. BORDE CONVERGENTE 71
  3.2. ARCO VOLCÁNICO CONTINENTAL 75
  3.3. BORDE DIVERGENTE 77

3.4.	**DORSAL OCEÁNICA**	80
3.5.	**FOSA TECTÓNICA O GRABEN**	82
3.6.	**BORDE TRANSFORMANTE O NEUTRO**	83
4.	**COMO CERTIFICARTE CON NOSOTROS**	84

1. INGENIERÍA DE TERREMOTOS

La ingeniería de terremotos o ingeniería sísmica trata sobre el estudio de los terremotos desde sus orígenes, hasta sus consecuencias y soluciones.

Desde el análisis del comportamiento geológico y los movimientos de las fallas geológicas, pasando por la energía que se libera en el hipocentro, la forma en que la onda viaja por el suelo hasta llegar al punto de estudio, los efectos locales, el suelo del sitio, la forma en que la estructura reacciona, hasta como combatir los efectos post terremoto.

La ingeniería sísmica o ingeniería terremotos, como se acaba de explicar, es un área bastante compleja y amplia que atañe áreas de geología, áreas de geotecnia, áreas de estructuras y también de prevención de desastres.

Empezar a estudiar este fenómeno implica comenzar por entender el terreno que rodea la obra que queremos construir, hay que conocer su historia, desarrollar estadísticas, determinar amenazas sísmicas.

Además, hay que conocer el territorio el terreno y el suelo a través del cual la onda sísmica viaja y cuáles son los efectos que este suelo va a provocar en esta onda.

Una vez que he llegado la onda al sitio de estudio es importante entender cómo reacciona el sitio o el suelo sobre el cual está cimentada la estructura ya que dependiendo de las condiciones la reacción será mayor o menor.

También debemos investigar ya en el ámbito estructural el comportamiento cuando la estructura frente al evento sísmico se debe estudiar el evento sísmico probable ahí es donde hablamos de peligro del estudio de peligro sísmico.

Una vez llegados a este punto es interesante determinar qué consecuencias trajo el post terremoto y cómo organizarnos para poder enfrentar esas consecuencias comúnmente esto está dentro del área de los exactas naturales y corresponde a generar basado en los insumos de las áreas anteriores generar escenarios y plantear planes de reacción ante los posibles eventos.

2. TECTÓNICA DE LAS PLACAS

La tectónica de placas es el mecanismo más aceptado a nivel internacional para entender el comportamiento del planeta Tierra, la tectónica de las placas no solamente comprende el análisis de los movimientos en superficie, si no que lleva a entender la íntima relación que existe entre la superficie y las profundidades del planeta, llámese manto o núcleo.

La tectónica de las placas es un mecanismo que explica el movimiento que se origina en el mismo núcleo, el cual genera temperatura, presión y fuerzas, las mismas que provocan que se mueva el manto y finalmente también se mueva la litosfera.

En superficie se observa que los continentes se mueven, este movimiento provoca la acumulación de energía sísmica, el momento en que se produce la liberación de esta energía

Fig. 1.- Placas tectónicas

le conocemos como; terremoto, sismo o temblor, además se genera un comportamiento adicional sobre el magma o roca líquida que está en el interior de la Tierra y que provoca que ciertas montañas arrojen magma convirtiéndose en volcanes.

El efecto de ese complejo mecanismo coma en superficie, provoca qué diferentes porciones de la litosfera se muevan en diferentes direcciones. He de decir la litosfera está partida en porciones cada una de ellas navega sobre un océano de roca en diferentes direcciones, provocando que estas grandes masas de Tierra se choquen o se alejen y de esa manera va cambiando la forma imposición de los continentes a lo largo de los años.

Este tipo de movimiento es lento pero constante, las entidades en la que está partida de la litosfera se llaman placas tectónicas y se conoce que estas placas pueden moverse a velocidades entre 3 a 10 mm por año, dependiendo del sitio.

Cuando se encuentran 2 placas tectónicas se producen diferentes tipos de interacción, esta interacción puede ser divergentes (se separan), convergentes (se acercan) o transformantes (se deslizan entre ellas).

Gracias a esta interacción que se produce en los bordes de las placas tectónicas se acumula energía sísmica que posteriormente se liberará en forma de terremoto o con actividad volcánica.

La tectónica de placas fue descubierta gracias a los hallazgos de la investigación de alfred wegener quien propuso en 1910 una teoría que inicialmente no fue aceptada y que inclusive produjo burlas, wegener propuso que los continentes se movían de su posición coma a esta teoría se la conoció como la deriva continental.

Después de medio siglo de haber rechazado la propuesta de wegener, se retomó la investigación y con el descubrimiento en 1960 de lo que se conoció como la expansión del fondo oceánico, se concluyó que wegener no se había equivocado, y basado en estos 2 hechos científicos se consolidó la tectónica de las placas.

FIGURA 2. PLACAS TECTONICAS

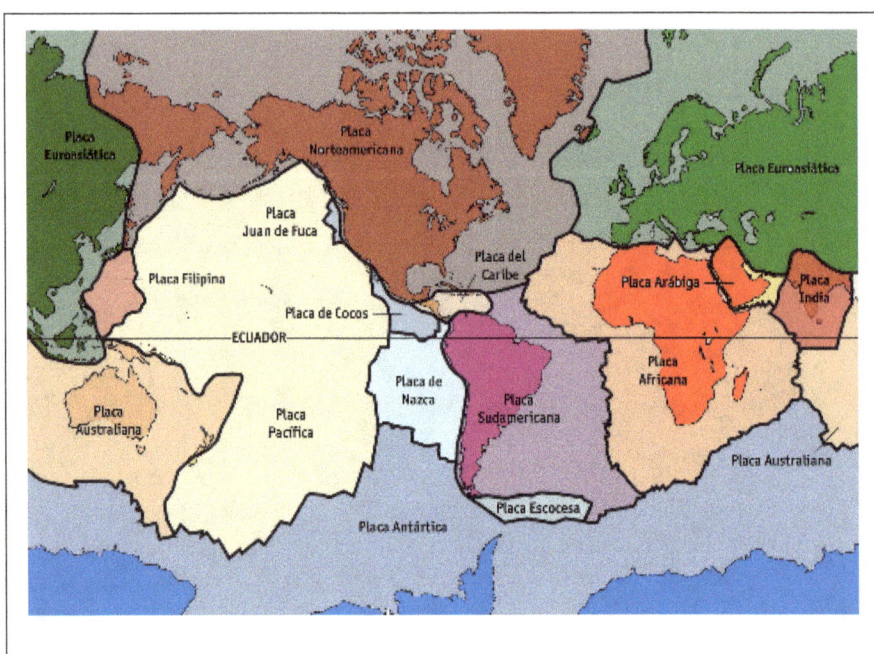

Figura 2. Placas Tectónicas

El nombre "tectónica" viene del griego antiguo, τέκτων, τέκτωνος, qué significa constructor o carpintero conjuntamente con el sufijo, ικα, qué significa relación.

El término placa fue presentado por el biólogo norteamericano jason morgan en 1968.

La litosfera está dividida en placas mayores, placas menores y micro placas, se conoce la existencia de 15 placas mayores y 43 placas menores, dando un total de 58 placas tectónicas a lo largo del planeta oh, hasta el momento.

Como se observa en la figura 2 cada continente tiene su propia placa tectónica y por ello ahí podemos observar la placa sudamericana La placa norteamericana la placa euroasiática la placa del pacífico la placa de nazca la placa del caribe la placa africana la placa australiana la placa de la Antártida.

2.1. ALFRED WEGENER

Alfred Wegener fue un científico alemán que estudió física, astronomía y meteorología, que nació en 1880 y murió en 1930.

Fig. 3.- Alfred Wegener

Wegener descubrió y planteó como hipótesis en 1910 que los continentes se movían de su posición además planteó que todos los continentes inicialmente habían empezado conformando un mismo gran continente llamado Pangea, que se dividió hace 200 millones de años, y que este gran continente se había separado en pedazos y luego de un viaje de millones de años teníamos el mapa del mundo como lo conocemos ahora dividido en diferentes continentes.

Él llega a esta conclusión porque había investigado y contratado que habían rastros comunes entre las costas africanas en la zona del Sahara y las costas sudamericanas en la zona del Brasil, él se basó en evidencias geológicas, biológicas y paleoclimáticas, pero no llegó a entender el mecanismo de cómo se movían los continentes por lo tanto la propuesta no fue aceptada por la comunidad científica al contrario fue rechazada y recibió burlas.

Fig. 4.- Alfred Wegener

En 1960 se retoman las investigaciones sobre este tema y surge la tectónica de las placas y se determina que la deriva de los continentes era cierta.

Wegener también fue un destacado meteorólogo y explorador, que realizó varias expediciones a Groenlandia. En 1930 en un viaje a Groenlandia sufrió un ataque al corazón y no aguantó las temperaturas extremas y murió, debido a su edad y que también era un asiduo fumador.

FIGURA 5. DORSALES OCEÁNICAS

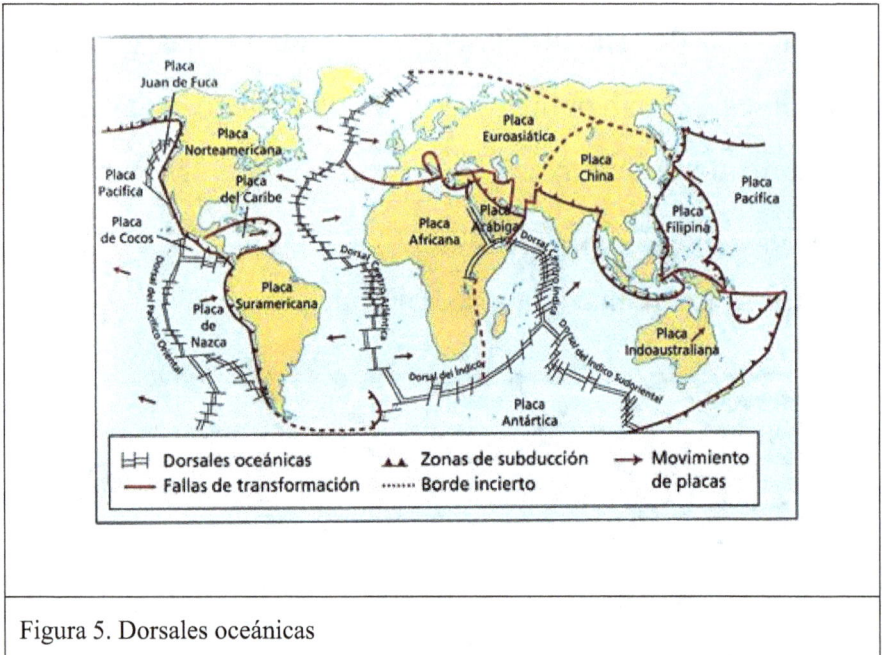

Figura 5. Dorsales oceánicas

La esposa de Alfred Wegener fue Else Köppen, hija del climatólogo Wladimir Köppen y colaboró con su suegro en varios trabajos sobre climatología y paleoclimatología.

2.2. EL SUPERCOTINENTE PANGEA

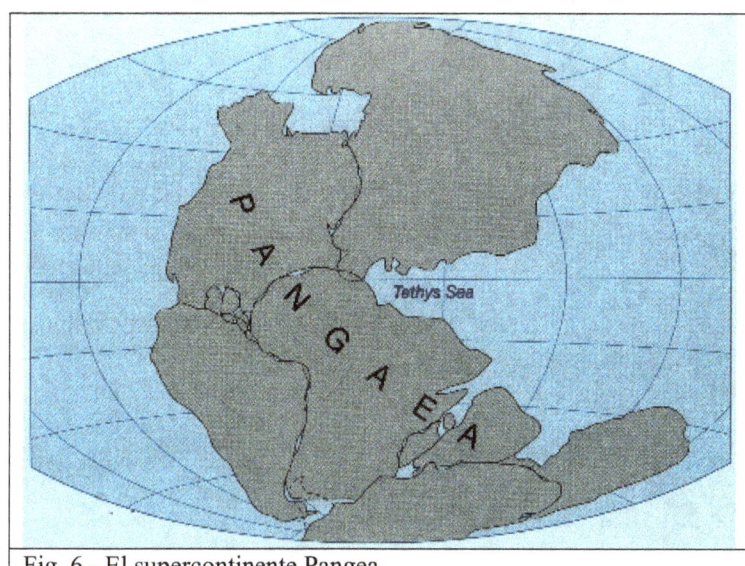

Fig. 6.- El supercontinente Pangea

La palabra Pangea proviene del griego antiguo πᾶν (pan), que significa "todo", y Γαῖα (Gaia), que significa "tierra" o "madre tierra". Por lo tanto, Pangea significa "toda la tierra" o "toda la madre tierra".

Fig. 7.- El supercontinente Pangea – Sudamérica y Africa

Este nombre fue propuesto vez por el Alfred Wegener en 1912 para referirse al supercontinente que existió hace 355 millones de años y que se fragmentó para formar los continentes actuales. Este supercontinente que existió al final de la era Paleozoica y comienzos de la era Mesozoica, que agrupaba la mayor parte de las tierras emergidas del planeta.

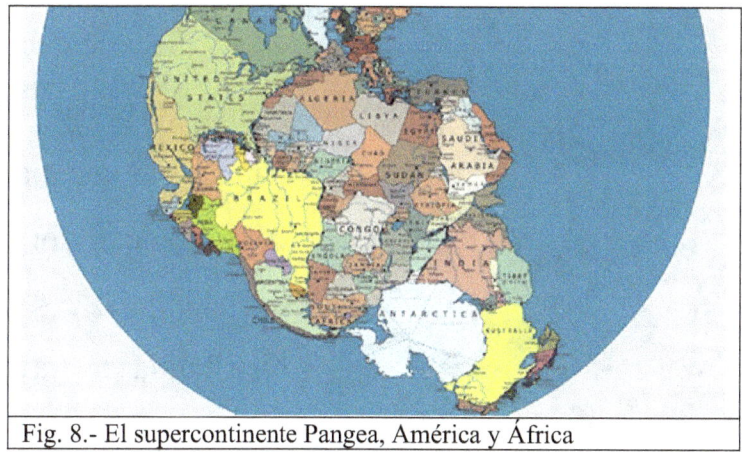
Fig. 8.- El supercontinente Pangea, América y África

Se formó por el movimiento de las placas tectónicas, que hace unos 335 millones de años unió todos los continentes anteriores en uno solo.

Posteriormente, hace unos 200 millones de años, comenzó a fracturarse y a dispersarse hasta alcanzar la situación actual de los continentes, en un proceso que aún continúa.

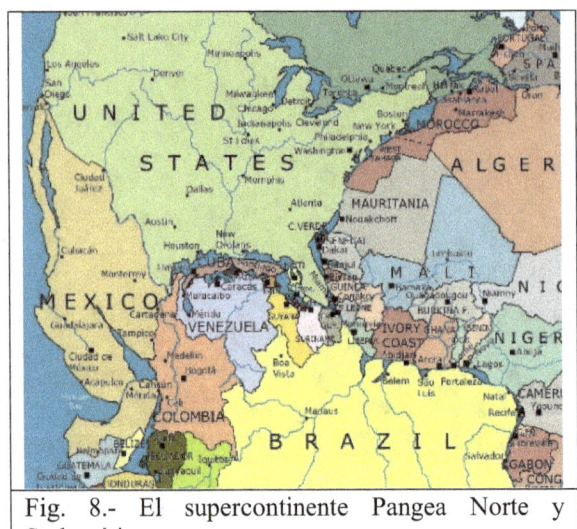

Fig. 8.- El supercontinente Pangea Norte y Sudamérica

Se cree que la forma original de Pangea era una masa de tierra con forma de "U" o de "C" distribuida a través del ecuador, con la mayoría del territorio sobre el hemisferio sur 2. El único océano que rodeaba a Pangea se llamaba Panthalassa.

http://planeta42.com/geography/pangaeapuzzle/es.html

Fig. 9.a- Pangea

2.3. PANTHALASSA

En la época de la pangea, hace 350.000.000 de años, todos los continentes se encontraban unidos, en todo el espacio restante que equivalía al 70% del planeta era océano uno de los océanos más grandes que se piensa que es el antecesor del océano Pacífico se le llamó Panthalassa.

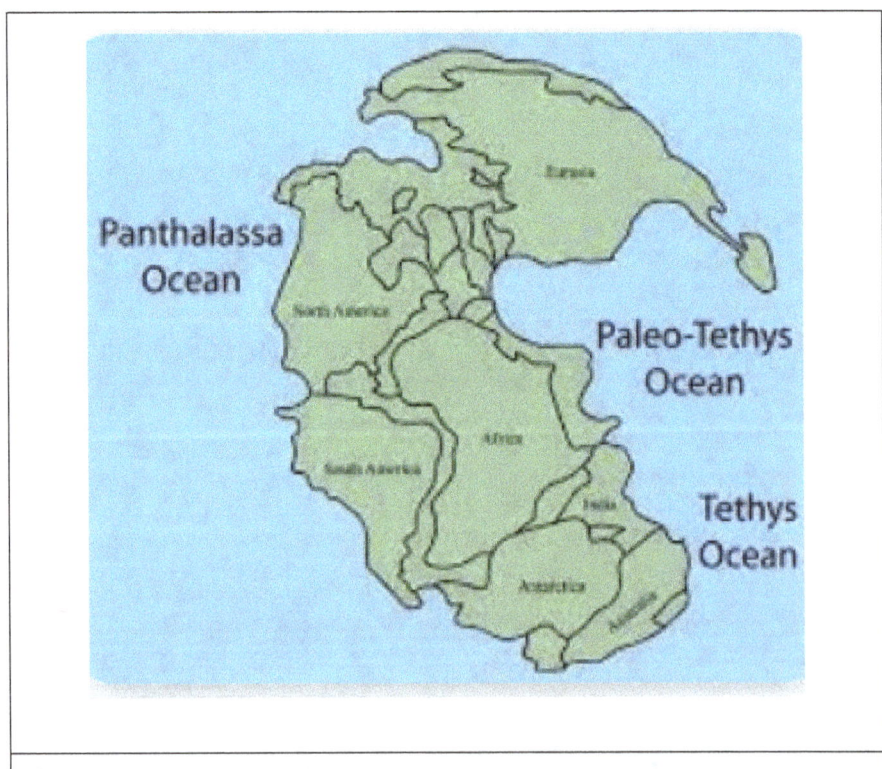

Fig. 10.- Océano Panthalassa

La palabra Panthalassa proviene del griego antiguo πᾶν (pan), que significa "todo", y θάλασσα (thalassa), que significa "mar". Por lo tanto, Panthalassa significa "todo el mar" o "todo el océano".

Este nombre fue usado por primera vez por el geólogo austríaco Eduard Suess en 1893 para referirse al enorme océano global que rodeaba al supercontinente Pangea durante el final del Paleozoico y el principio del Mesozoico.

2.4. GODWANA Y LAURASIA

Gondwana y Laurasia son los nombres que se les da a dos antiguos bloques continentales que se formaron por la separación del supercontinente Pangea hace unos 200 millones de años.

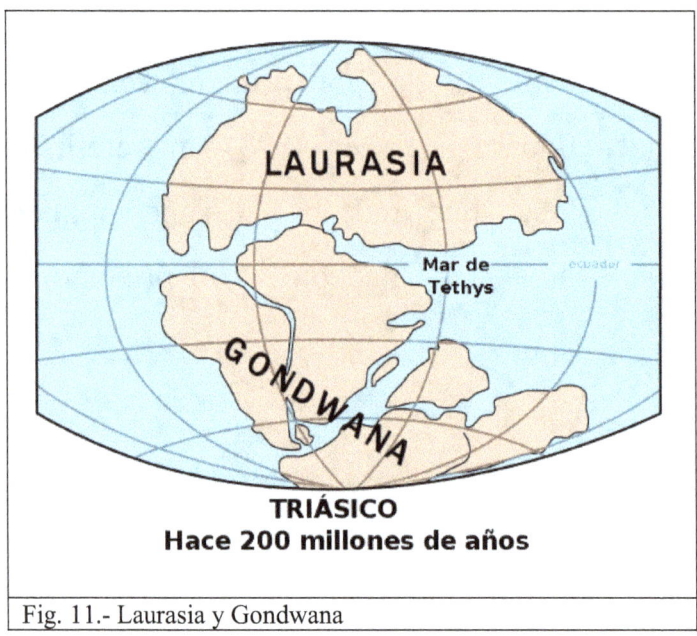

Fig. 11.- Laurasia y Gondwana

Gondwana estaba ubicado en el hemisferio sur y estaba compuesto por las actuales Sudamérica, África, Australia, Antártida, India y Madagascar.

Laurasia estaba ubicado en el hemisferio norte y estaba compuesto por las actuales Norteamérica y Eurasia.

Los dos bloques estaban separados por el océano Tetis, que se extendía desde el sur de Asia hasta América.

Gondwana y Laurasia se fueron fragmentando posteriormente por el movimiento de las placas tectónicas, dando origen a los continentes actuales.

2.5. EL OCEANO TETHYS

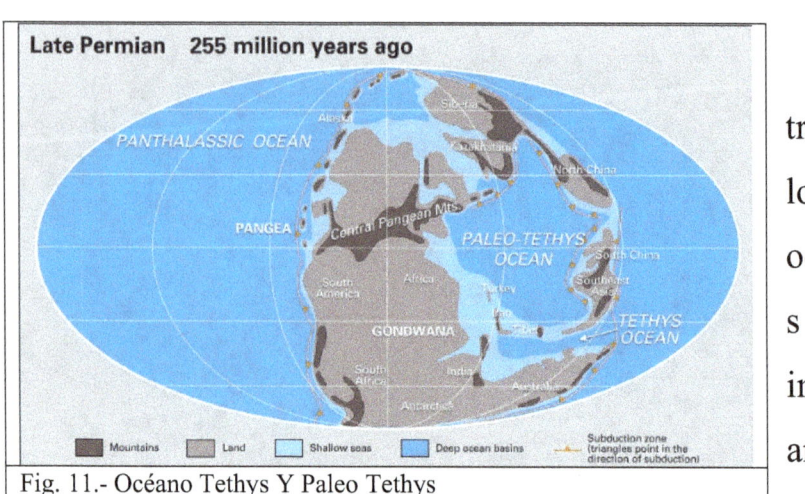

Fig. 11.- Océano Tethys Y Paleo Tethys

Otro de los océanos importantes era el de Tetis o el mar de Tetis, cuando los continentes empezaron a separarse (en el mesozoico) y se dividieron en Laurasia y Gondwana se formó entre ellos un océano al que se le llamó tetis.

Antes de tetis existió allí un océano llamado paleo tetis y posteriormente fue desapareciendo a medida que la placa de laurasia colisionó con la placa de siberia por el desplazamiento de África y e India hacia el norte.

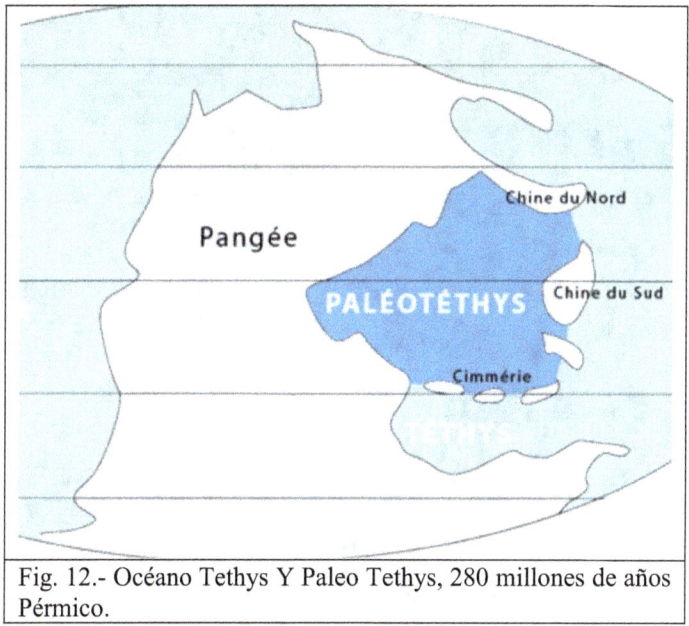

Fig. 12.- Océano Tethys Y Paleo Tethys, 280 millones de años Pérmico.

El océano Tetis estaba rodeado por multitud de pequeñas placas tectónicas, arcos de islas y microcontinentes, y tenía una gran diversidad de vida marina.

El nombre Tetis proviene de la titánide griega del mar, Tetis o Τηθύς.

2.6. CONTINENTE CIMERIA

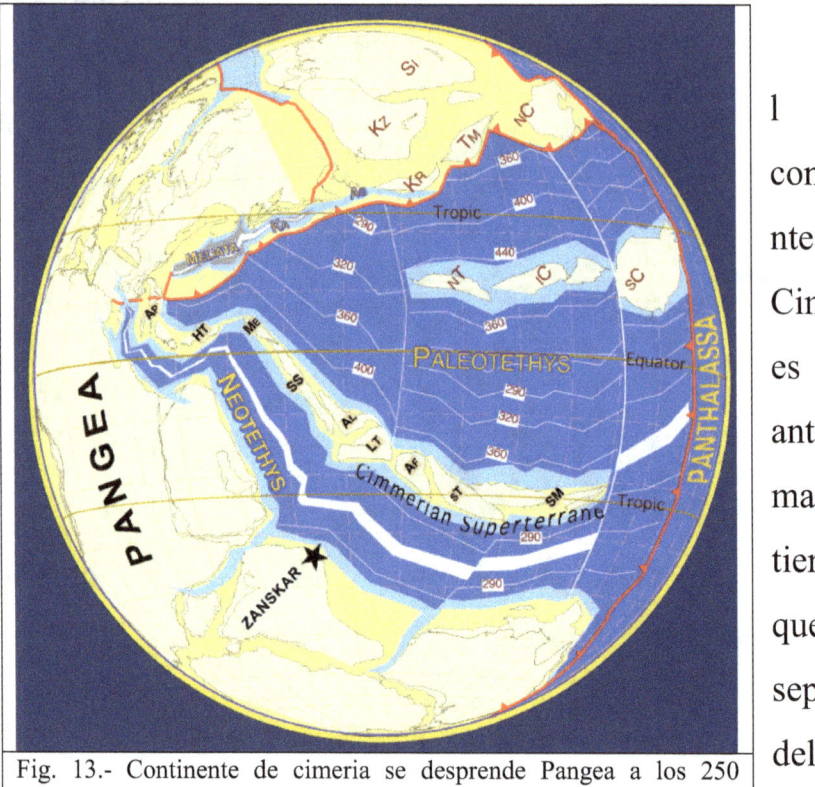

Fig. 13.- Continente de cimeria se desprende Pangea a los 250 millones de años, Pérmico Triásico

El continente de Cimeria es una antigua masa de tierra que se separó del supercontinente Pangea hace unos 300 millones de años.

Cimeria estaba formada por partes de los actuales territorios de Turquía, Irán, Afganistán, Tíbet y de las regiones de Indochina y Malasia.

Su desplazamiento hacia el norte provocó el cierre del océano Paleo-Tetis y la formación del océano Tetis, así como la colisión con Laurasia, el otro gran continente que existía en aquel entonces.

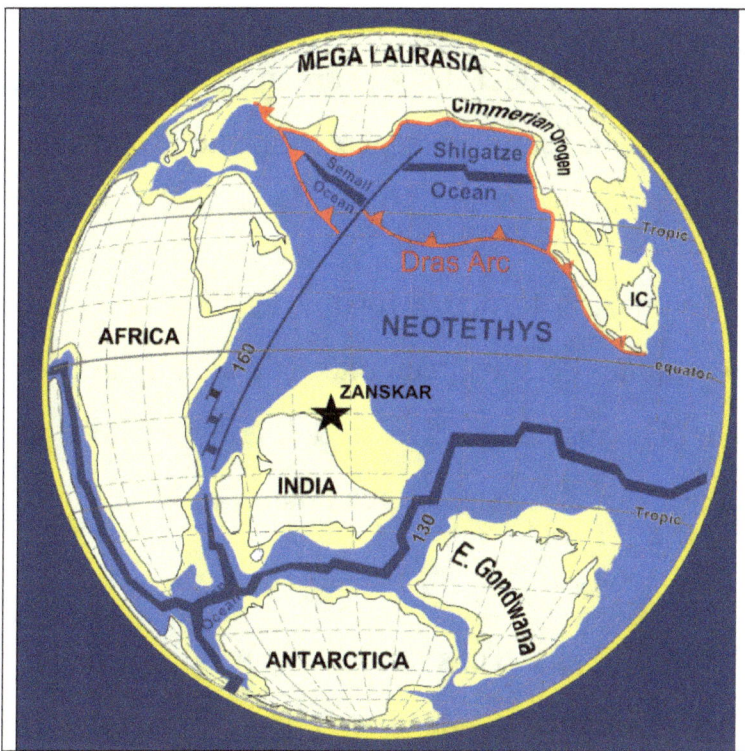

Fig. 14.- Continente de cimeria choca con Laurasia. 200 millones de años. Alza montañas en la fosa de Tehys (100 millones de años) Cretácico Medio.

Esta colisión originó la Orogenia Cimeriana, un proceso de levantamiento de montañas que afectó a gran parte de Asia y Europa.

2.7. PALEO-TETIS

El océano Paleo-Tetis es un antiguo océano del Paleozoico situado entre el supercontinente Gondwana y Euramérica. (Fig. 14)

Se comenzó a formar a finales del Ordovícico, hace unos 450 millones de años, reemplazando al antiguo océano Proto-Tetis. Desapareció a finales del Triásico, hace unos 200 millones de años, siendo reemplazado por el océano Tetis.

El océano Paleo-Tetis se formó por la separación de dos pequeños fragmentos de Gondwana, llamados Tierras Húnicas o Cimeria, que se desplazaron hacia el norte en dirección a Euramérica.

Durante este proceso, el océano Rheico, que separaba las Tierras Húnicas de Euramérica, se cerró por la colisión continental entre ambos bloques.

El océano Paleo-Tetis también se cerró por la subducción de su corteza oceánica bajo la placa de

Cimmeria, que se separó de Gondwana y dio origen al océano Tetis.

El nombre Paleo-Tetis significa "antiguo Tetis" y se refiere al océano que precedió al océano Tetis.

2.8. PROTO-TETIS

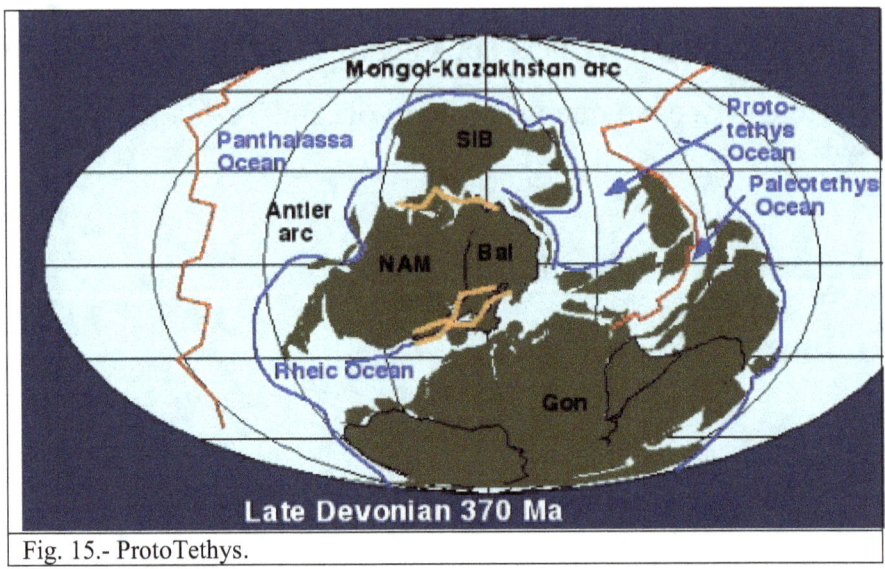

Fig. 15.- ProtoTethys.

El océano Proto-Tetis fue un antiguo océano que existió desde finales del período Ediacárico al Carbonífero (550-330 Millones de años).

Se trata del predecesor del océano Paleo-Tetis. El océano se formó cuando Pannotia se desintegró y Proto-Laurasia (Laurentia, Báltica y Siberia) se dislocó del supercontinente que se convertiría en Gondwana.

El océano Proto-Tetis se formó entre estos dos supercontinentes y estaba bordeado por el océano

Panthalassa al norte, separado por arcos insulares y Kazakhstania.

Fig. 16.- ProtoTethys.

El océano Proto-Tetis se amplió durante el Cámbrico y estaba en su máxima extensión desde finales del Ordovícico al Silúrico Medio.

El océano comenzó a disminuir durante el Silúrico Tardío, cuando China del Norte y China del Sur se desgajaron de Gondwana y se dirigieron hacia el norte.

A finales del Devónico, el microcontinente de Kazakhstania colisionó con Siberia, disminuyendo el océano aún más.

El océano se cerró cuando el cratón del Norte de China colisionó con Siberia-Kazakhstania durante el Carbonífero, mientras el océano Paleo-Tetis se ampliaba.

El nombre Proto-Tetis significa "primero Tetis" y se refiere al océano que dio origen al océano Tetis.

2.9. MICROCONTINENTE DE KAZAKHSTANIA

Fig. 17.- País de Kazakhstan.

El microcontinente de Kazakhstania es una región geológica en Asia Central que se formó por la unión de varios fragmentos de continentes que se separaron del supercontinente Pangea hace unos 300 millones de años.

Fig. 18.- Microcontinente de Kazakhstan.

Kazakhstania está compuesto por partes de los actuales territorios de Kazajistán, Uzbekistán, Kirguistán y China.

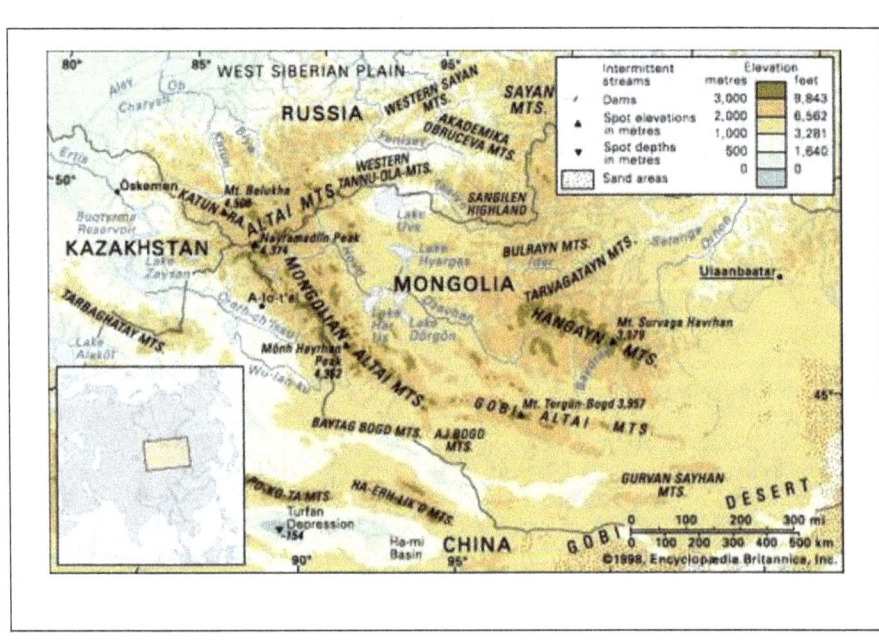

Fig. 19.- Montañas de Altái.

Su desplazamiento hacia el norte provocó el cierre del océano Proto-Tetis y la colisión con Siberia, formando las montañas del Altái.

2.10. SUPERCONTINENTE DE RODINIA

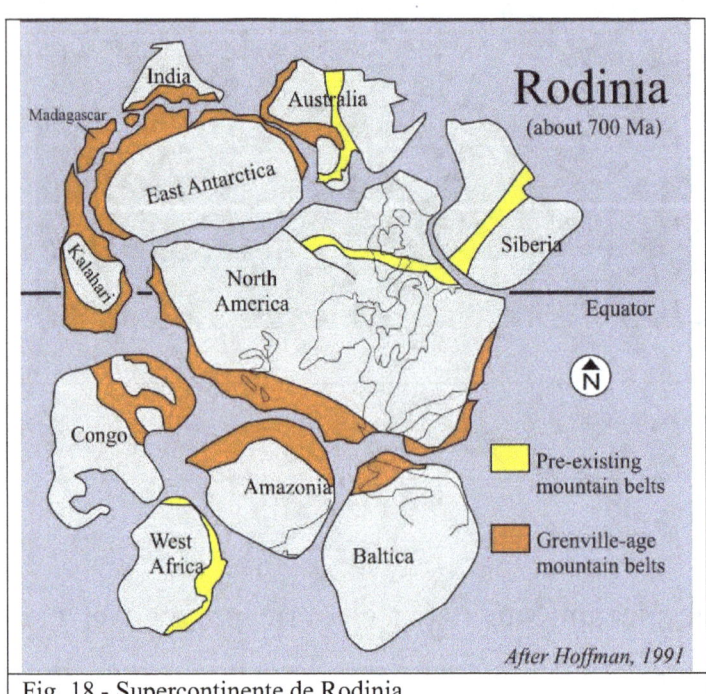

Fig. 18.- Supercontinente de Rodinia

Rodinia fue un supercontinente que existió hace unos 1100 millones de años, durante el Proterozoico.

Reunía gran parte de la tierra emergida del planeta.

Empezó a fracturarse hace unos 800 millones de años debido a movimientos magmáticos en la corteza terrestre, acompañados por una fuerte actividad volcánica.

Rodinia se formó por la unión de varios continentes preexistentes, y se fragmentó dando lugar a otros supercontinentes como Pannotia y Pangea.

Rodinia estaba rodeado por el superocéano Mirovia.

2.11. SUPEROCÉANO MIROVIA

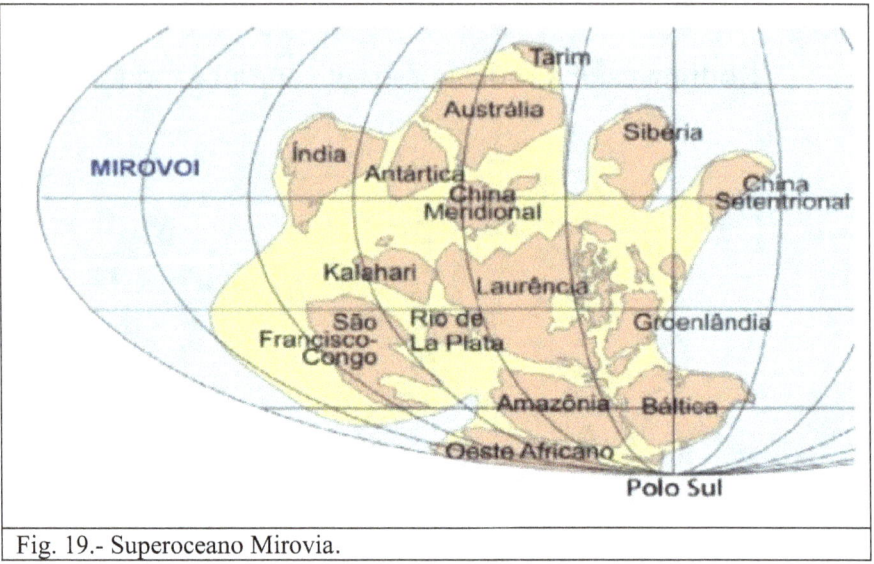

Fig. 19.- Superoceano Mirovia.

Mirovia fue un superocéano que rodeaba al supercontinente Rodinia en la era Neoproterozoica, hace unos 1100 a 750 millones de años.

Se formó por la unión de varios océanos arcaicos y se fragmentó por el movimiento de las placas tectónicas, dando lugar al océano Panthalassa.

Mirovia pudo haber estado completamente congelado durante una intensa edad de hielo llamada Tierra bola de nieve.

2.12. CONTINENTE PANNOTIA

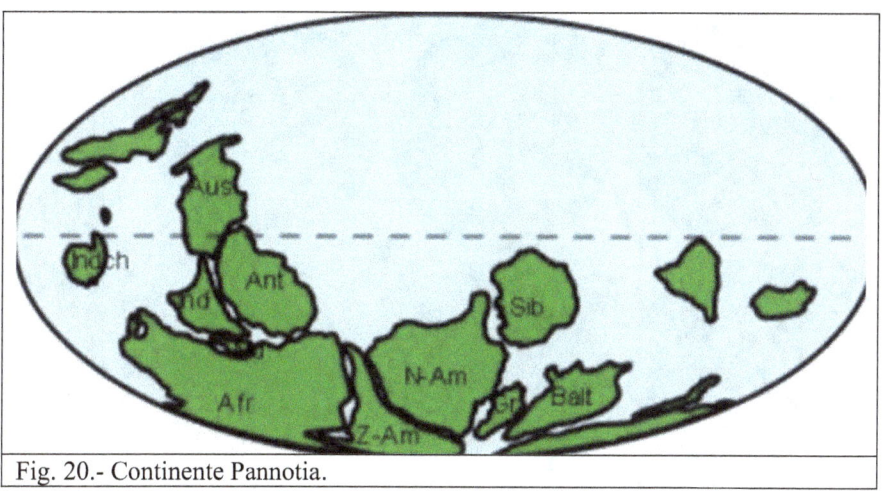

Fig. 20.- Continente Pannotia.

Pannotia fue un supercontinente que existió hace unos 600 millones de años, a finales del supereón Precámbrico.

Se formó por la unión de tres continentes: Proto-Laurasia, el cratón del Congo y Proto-Gondwana.

Pannotia estaba centrado en el Polo Sur y rodeado por el océano Panafricano.

Se fragmentó hace unos 540 millones de años, dando lugar a Gondwana y Laurasia

2.13. OCEANO RHEICO

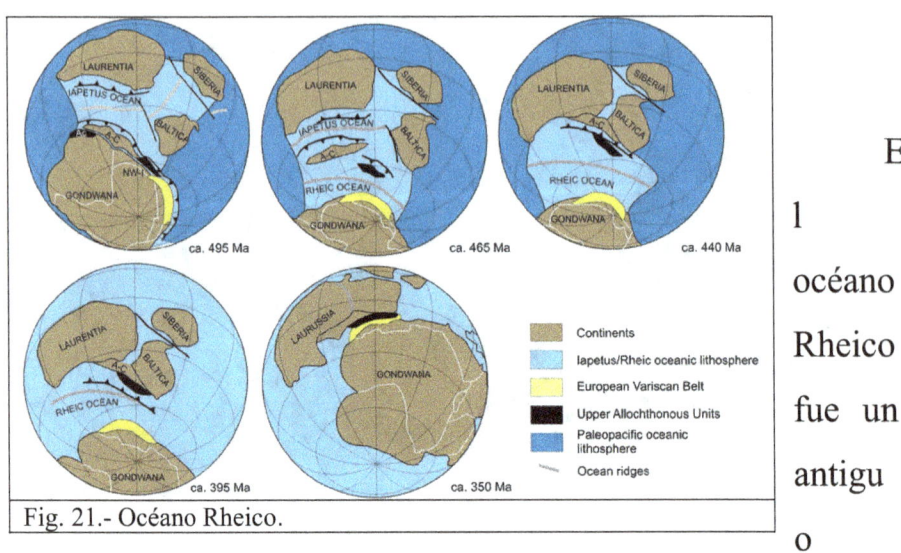

Fig. 21.- Océano Rheico.

El océano Rheico fue un antiguo océano que durante el Paleozoico se localizaba entre el supercontinente Gondwana y los pequeños continentes del Norte, como Laurentia, Báltica y Avalonia.

El océano Rheico se formó cuando Pannotia se desintegró y estos pequeños continentes se dislocaron de Gondwana y se dirigieron hacia el norte.

El océano Rheico se cerró por la colisión continental entre estos continentes, dando lugar a la Orogenia caledoniana en Europa y a la Orogenia Apalache en Norteamérica.

2.14. TIERRAS HUNICAS

Las Tierras Húnicas fueron dos pequeños fragmentos de Gondwana que se separaron de este supercontinente a finales del Ordovícico y se dividieron en la Húnica Europea y la Húnica Asiática.

La Húnica Europea incluía partes de Europa central y de la península ibérica, mientras que la Húnica Asiática incluía partes de China y del este de Asia Central.

Estos fragmentos también se desplazaron hacia el norte, atravesando el océano Rheico y colisionando con Euramérica durante el Carbonífero, dando lugar a la Orogenia hercínica en Europa.

2.15. TIEMPO GEOLOGICO

Los diferentes continentes se fueron conformando a lo largo de los tiempos geológicos.

A continuación, se hace un resumen de los tiempos geológicos principales que se produjeron durante la etapa explicado en este libro.

Etapa	Período	Duración (Mill. añ)	Eventos relevantes
Paleozoica	Pérmico	47,0	Extinción masiva del Pérmico-Triásico, formación de Pangea, aparición de los reptiles sinápsidos y las primeras plantas con semillas
	Carbonífero	60,0	Aparición de los primeros reptiles, anfibios e insectos voladores, desarrollo de grandes bosques de helechos y licopodios
	Devónico	41,6	Aparición de los

			primeros peces con mandíbulas y escamas duras, los primeros anfibios y las primeras plantas terrestres con flores
	Silúrico	24,6	Aparición de los primeros animales terrestres con respiración aérea, diversificación de los artrópodos y los corales
	Ordovícico	41,2	Extinción masiva del Ordovícico-Silúrico, dominio de los invertebrados marinos como los braquiópodos, los trilobites y los graptolites
	Cámbrico	53,0	Explosión cámbrica de la vida animal en los mares, aparición de los primeros animales con concha y exoesqueleto
Mesozoica	Cretácico	79,0	Extinción masiva del Cretácico-Paleógeno, dominio de los dinosaurios y los reptiles voladores y marinos, aparición de las primeras aves y mamíferos
	Jurásico	55,6	Aparición de los primeros cocodrilos y tortugas,

			diversificación de los dinosaurios y las plantas coníferas
	Triásico	50,6	Extinción masiva del Triásico-Jurásico, aparición de los primeros dinosaurios, mamíferos y pterosaurios

la figura 22 nos da una representación de los tiempos geológicos mucho más extendidos.

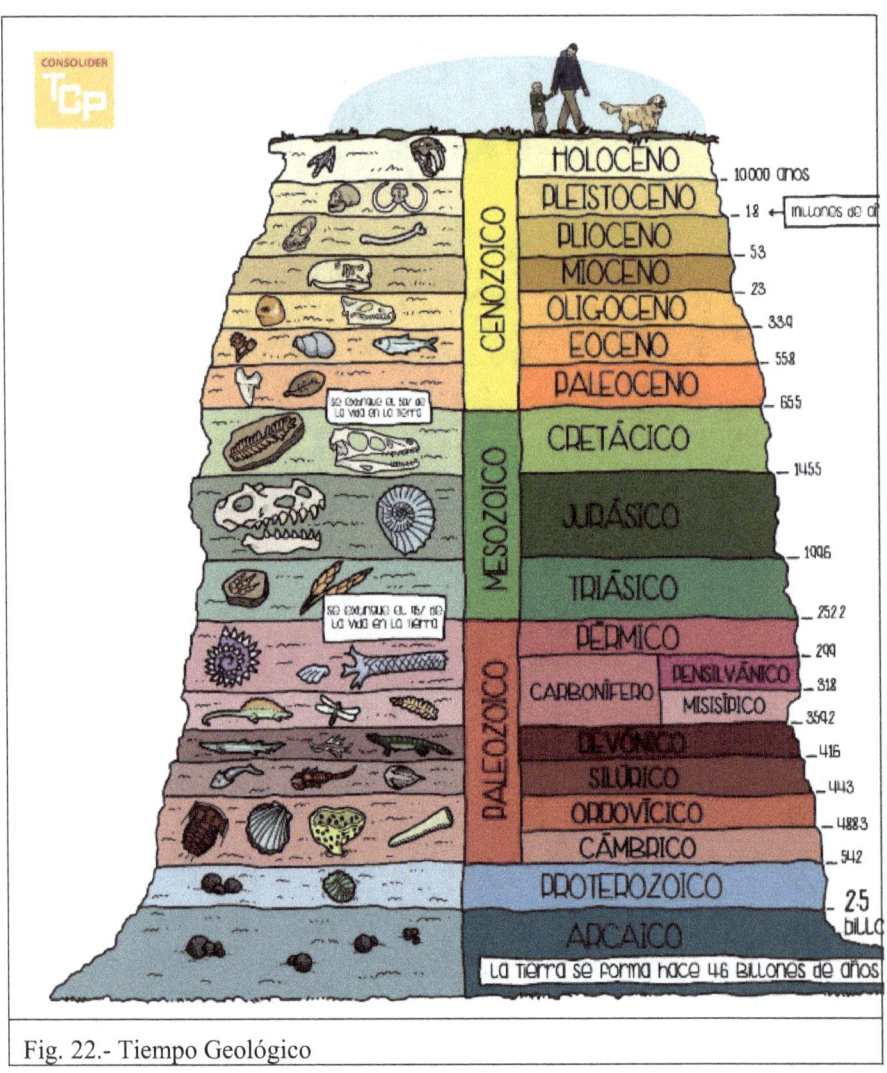

Fig. 22.- Tiempo Geológico

3. INTERACCION DE LAS PLACAS TECTONICAS

Como se indicó en la en el capítulo 2 la tectónica de placas es un mecanismo que permite entender la relación que existe entre los comportamientos internos de la Tierra y movimientos que se dan en la superficie, y que se ha estudiado que la litosfera está en permanente movimiento yo estos movimientos se producen por bloques coma estos bloques se llaman placas tectónicas.

Las placas tectónicas se encuentran y colisionan en sus extremos y dónde se encuentran se produce la interacción entre ellas esta interacción no siempre es de la misma forma depende de la dirección y forma de movimiento de las placas que intervienen en la interacción.

Existen las placas tectónicas oceánicas que comúnmente son compuestas de materiales más densos producto de que el material de suelo o de roca está permanentemente aplastado debajo del océano, además existe la placa tectónica continental que comúnmente posee materiales de suelo de roca menos densos.

Por esta razón cuando se encuentra una placa continental con una placa oceánica coma la interacción va a ser gobernada por la diferencia de densidades entre las 2.

La interacción entre 2 placas tectónicas se las puede clasificar como interacción convergente, interacción divergente e interacción neutra.

Los detalles de cada una se darán a continuación.

3.1. BORDE CONVERGENTE

El sitio donde se encuentran e interactúan 2 placas tectónicas puede llamársele borde tectónico.

Uno de los bordes tectónicos más usuales es el borde convergente, este borde consiste en que 2 placas tectónicas se encuentran y colisionan una contra la otra, también se le llama borde destructivo, porque la placa que subyace se destruye.

Cuando se produce este fenómeno de colisión convergente comúnmente una de las capas subyace a la otra, la capa que subyace desaparece o se licúa y se transforma en magma, a esta zona se la conoce como zona de subducción. La otra capa, la que queda arriba, comúnmente forma una cordillera.

Los bordes convergentes pueden ser de 3 tipos dependiendo de las placas tectónicas que intervengan:

- Cuando colisionan una escápate tónica oceánica con una capa tectónica continental, comúnmente la capa oceánica, por ser más densa, subyace a la continental, es decir, que la capa oceánica se dirige a la astenosfera y se vuelve magma.

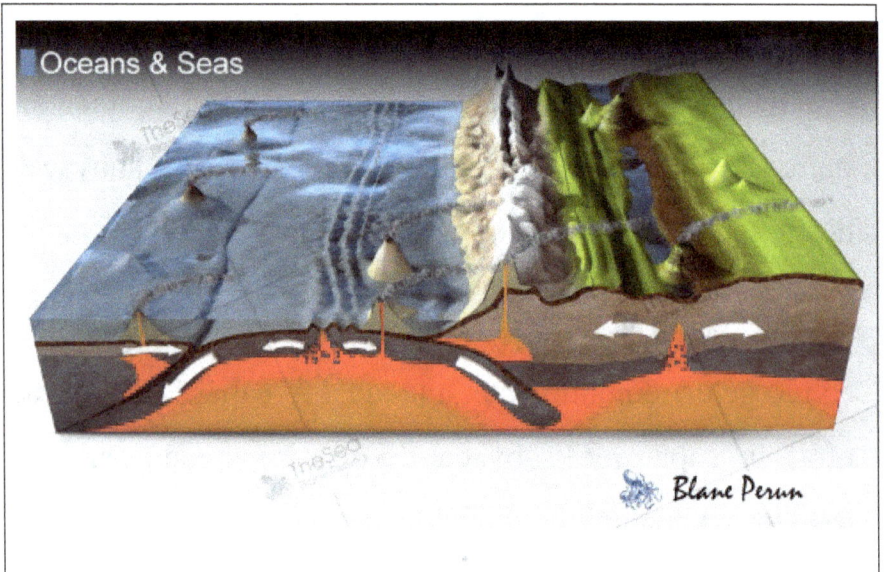

Fig. 22.- Zona Subductiva.

La capa superior forma un arco volcánico continental y una cordillera, además, en el punto donde ambas capas se encuentran, comúnmente, se forma una fosa oceánica que es paralela a la costa.

- Otra forma de borde convergente es cuando se encuentran una placa tectónica oceánica con una segunda placa tectónica oceánica, lo que ocurre en este caso es que una de las 2 placas subyace a la otra, la que subyace se dirige al astenosfera y se vuelve magma (a esto se le llama zona de subducción).

  La que queda en la parte superior forma un arco volcánico insular y una fosa tectónica.

- En el tercer caso cuando hay un borde convergente y se encuentran una placa tectónica continental con otra placa tectónica continental, comúnmente ambas placas se deforman y generan cordilleras que son visibles y que producto de la colisión poseen rocas metamórficas.

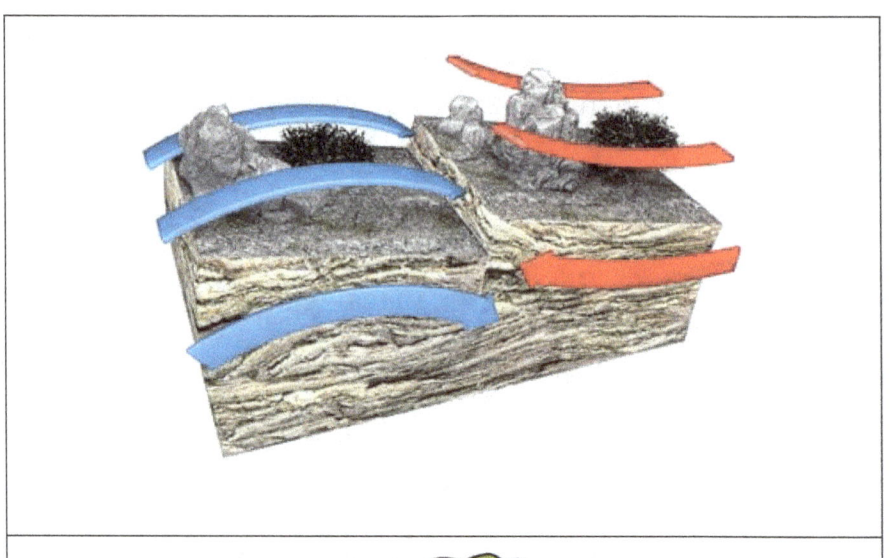

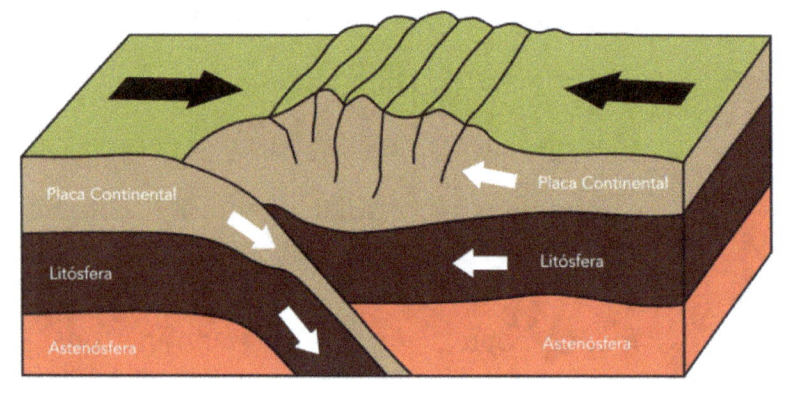

Fig. 22.- Borde convergente

3.2. ARCO VOLCÁNICO CONTINENTAL

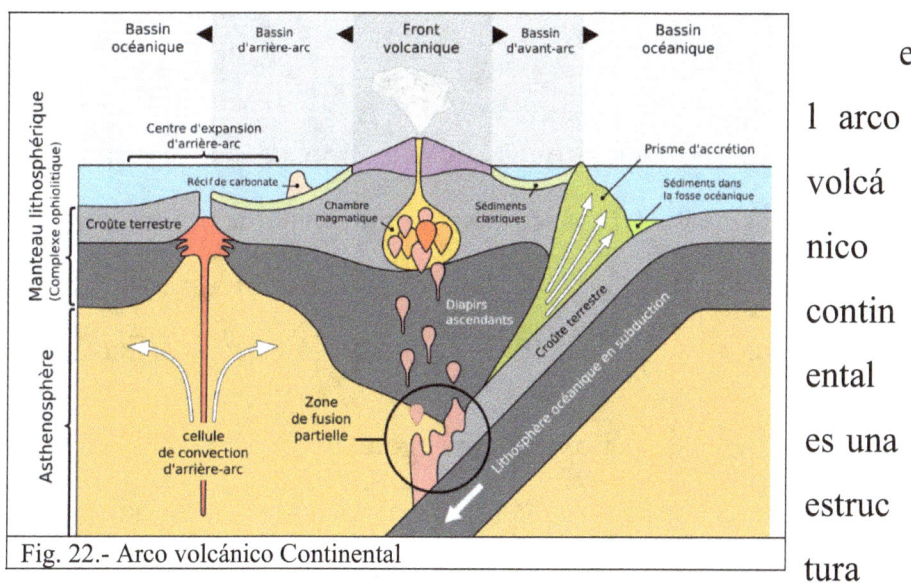

Fig. 22.- Arco volcánico Continental

El arco volcánico continental es una estructura tectónica que se forma cuando hay una zona subductiva entre una placa tectónica oceánica y una placa tectónica continental.

El movimiento de la placa tectónica oceánica que se dirige hacia la astenosfera, primero acumula energía de deformación en las fallas geológicas de la región y en las caras de contacto de las placas.

Adicionalmente esta presión provoca un aumento en las fuerzas que afectan las bolsas magmáticas.

Estos 2 efectos tectónicos indican que esta región va a estar sometida permanentemente a terremotos, para poder liberar la energía de deformación contenida y a erupciones volcánicas para liberar el exceso de presión sobre las bolsas magmáticas.

Las características de este tipo de estructura es que sobre la placa tectónica continental y debido a la salida del magma se forman cordilleras de material ígneo y cuando sea el caso también se produce material metamórfico.

En estos bordes divergentes los sismos son muy comunes y se conoce que, en estas zonas de subducción, a nivel mundial, se producen los sismos más fuertes.

Considérese también que en estos arcos volcánicos continentales se produce, en el océano, dónde se encuentran ambas placas, algo que se llama fosa oceánica y que puede ser muy profunda.

3.3. BORDE DIVERGENTE

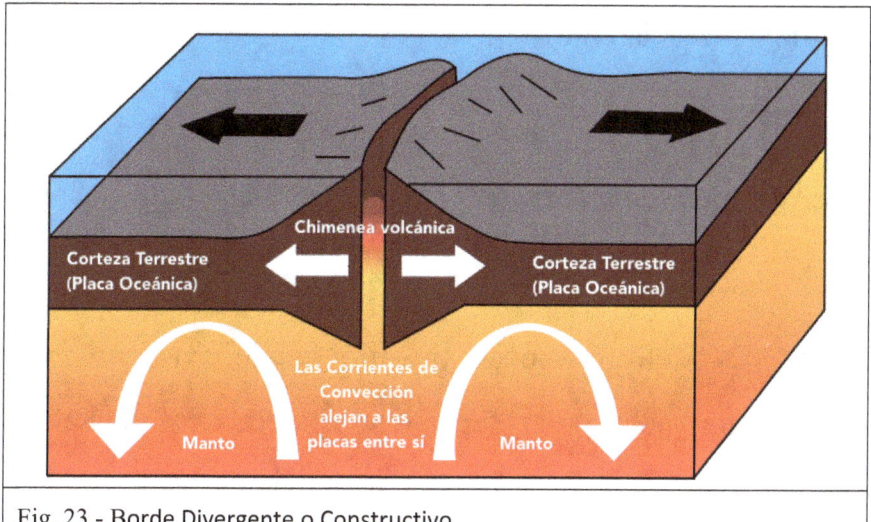

Fig. 23.- Borde Divergente o Constructivo

Cuando 2 placas tectónicas se encuentran y ambas se alejan uno de la otra se conforma lo que se conoce como borde divergente.

La geomorfología de este borde es completamente diferente a la del borde convergente ya que en superficie, debido al alejamiento de las placas provoca una permanente salida de material magmático desde la astenosfera y se conforman grandes longitudes de cordilleras donde se produce una actividad volcánica permanente y lineal.

A diferencia de los volcanes donde la salida magmática es puntual, en el caso de bordes divergentes se producen las dorsales, donde hay salida de magma a lo largo de toda la cordillera.

A este borde también se le llama borde constructivo, porque al separarse las placas, forman nueva corteza oceánica.

Es fácil reconocer un sitio donde existe un borde divergente porque en superficie aparecen las dorsales, a nivel planetario hay grandes extensiones de cordilleras formadas por dorsales oceánicas, en el océano Atlántico, en el océano Pacífico.

En estos sitios se está permanentemente creando nueva corteza y esa producción de nuevo corteza provoca el movimiento de las placas tectónicas, que luego colisionarán posiblemente en zonas de borde convergente.

La mayor parte del vulcanismo terrestre se produce en estas dorsales oceánicas o rift y aunque el vulcanismo es elevado, los sismos que se producen en esta región son de menor magnitud, comparados con aquellos que se producen en la zona de borde convergente.

Los sismos en la zona de borde convergente son mucho mayores y el vulcanismo puede considerarse menor, pero en las zonas divergentes es totalmente lo contrario, sismos menores y actividad volcánica mayor.

Este tipo de estructura tectónica comúnmente provoca fallas normales a la cordillera dorsal y también genera fosas escalonadas paralelas a la dorsal.

3.4. DORSAL OCEÁNICA

Una dorsal oceánica es un fenómeno tectónico fácilmente detectable que se produce en el fondo del océano debido aquí en ese sitio hay un borde tectónico constructivo o divergente.

Este tipo de estructura tectónica genera una cordillera que puede tener miles de kilómetros de largo y que permanentemente está eh botando magma y creando nueva corteza.

Este tipo de estructura puede presentarse también en superficie, pero lo más común es que ocurra en medio de los océanos como el Atlántico y el pacífico.

La altura de la cordillera alcanza niveles de 300 m aunque podría haber picos más altos que sobresalen y se va formando varias plataformas son formando varias plataformas eh a diferentes niveles de forma escalonada y también van conformando fallas geológicas perpendiculares y paralelas a la zona de subducción a la zona del la dorsal, estas cordilleras subacuáticas también son conocidas como rift.

3.5. FOSA TECTÓNICA O GRABEN

Fosas tectónicas son formaciones tan largas que se producen en accidentes como divergentes y convergentes también se las conoce como graven dónde el fondo oceánico se profundiza mucho y además por consecuencia se forma una cordillera subacuática.

Este fenómeno se produce en las zonas reductiva frente a las costas de Ecuador Perú y Chile en el contacto de placas que hay entre la nazca y la sudamericana.

Algunos otros ejemplos de fosas tectónicas son el Gran Valle del Rift en África, el valle del Rin en Europa y el valle de la Muerte en Estados Unidos.

3.6. BORDE TRANSFORMANTE O NEUTRO

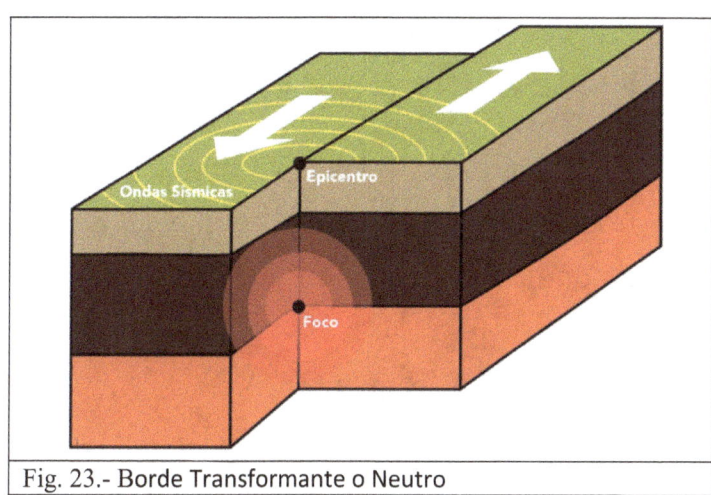

Fig. 23.- Borde Transformante o Neutro

Un borde tectónico transformante es el borde de desplazamiento lateral de una placa tectónica respecto a la otra.

Su presencia se detecta gracias a las discontinuidades geológicas del terreno.

Hay dos tipos de borde transformante: los que segmentan las dorsales oceánicas y los que forman los bordes pasivos entre placas tectónicas continentales.

En los bordes transformantes no se produce ni destruye litosfera, solo se desliza una placa junto a la otra.

Un ejemplo de borde transformante es la falla de San Andrés, en California.

4. COMO CERTIFICARTE CON NOSOTROS

Si te interesa aprender mas y recibir el certificado por este curso envíanos un email a esta dirección, con tu nombre, país, universidad o si es a titulo personal.

Se te enviara un link para que respondas una preguntas de prueba, para proceder a aprobarte el curso y darte el certificado correspondiente.

ingenieria7733@gmail.com

Buena suerte!

www.ingramcontent.com/pod-product-compliance
Lightning Source LLC
Chambersburg PA
CBHW050015230526

45470CB00003B/974